浪花朵朵

未来建筑家

你好，花园

[法] 迪迪埃·科尔尼耶 著

张璐 王琼蔚 译

上海人民美术出版社

引 言

从古至今，人们修建了各式各样的园子，在围栏里种满了能填饱肚子的蔬菜和赏心悦目的花花草草。花园是一片被自然主宰的、生机勃勃的地方。

千姿百态的花园都是由园林设计师、园艺师或艺术家精心设计的。在这本书中，你可以尽情游览各式花园，它们有的宽阔宏大，有的袖珍精致，都美不胜收。从中你将了解到设计师的奇思妙想，探索园林的独特奥秘。

或许在未来的某一天，你也可以创造出独属于你的小天地，这不麻烦，只需一罐土便足够了。只要热爱植物，热爱生活，你就能培育出自己的小小花园。

希望你会爱上这趟花园漫步之旅！

在开始我们的花园之旅前……

让我们先回到过去逛一逛!

中国的园林常常修建得很精美，园林中就是一派微缩版的大自然景观。苏州的网师园修建于12世纪，园中央是一座池塘，绕池塘走上一圈，就能欣赏到座座精致的假山和茂盛的花木。

中国古典园林真是美不胜收!

在西班牙的格拉纳达有一座阿尔罕布拉宫，宫里有一个狮子庭院。这座修建于14世纪的古老院子，曾经也种满了鲜花与绿树。庭院呈矩形，四周环绕着美丽的柱廊。水从庭院中心的喷泉喷涌而出，流入十字交叉的大理石水渠中。简洁的几何结构加上水的修饰，彰显出典型的**阿拉伯园林**风范。

龙安寺石庭位于日本京都，园子的地面上铺满了砂石。这些白色的小石子每天都会被专门耙出纹路，让人联想到起伏的海浪。庭院一侧修建有一条带屋顶的长廊，人们可以在这里长久地凝望庭院，沉思冥想。这正是**日式园林**的精髓。

沃勒维孔特城堡的大花园位于巴黎附近，1656年由安德烈·勒诺特尔设计而成，是**法式园林**的典型代表。从城堡的露台望出去，花园的全貌一览无余：笔直的林荫道、齐整的几何形花坛，还有明镜似的水面。一切都是严格对称的，如同蝴蝶翅膀上的花纹，大自然在这里被控制得服服帖帖的。

后来，这位园林设计师在为太阳王路易十四设计凡尔赛宫的大花园时，将这种"对称"的设计理念推向了极致。

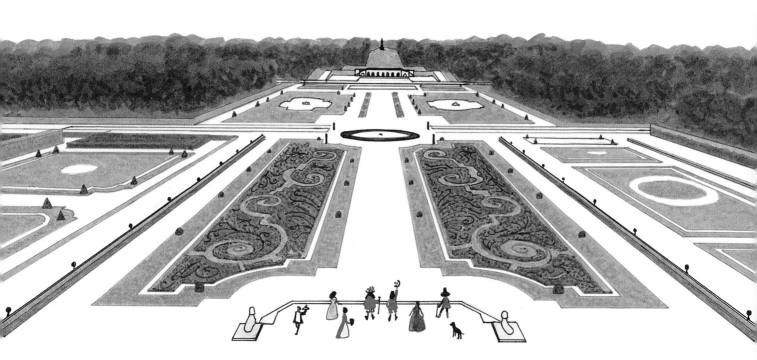

自1743年起，亨利·霍尔二世就开始设计斯托海德风景园，这座**英式花园**充满了诗意。花园的灵感来源于法国古典派大画家尼古拉斯·普桑和克劳德·洛兰的风景画。庙宇、方尖碑和人造废墟让这里的风景更添了一分壮丽。大河蜿蜒而下，游客可以沿着河岸无拘无束地闲逛。

目录

1785 莱兹荒漠园

百科全书式的园林

弗朗索瓦·拉辛·德·蒙维尔

法国 尚布尔西

弗朗索瓦·拉辛·德·蒙维尔（1734—1797）曾经担任过法国诺曼底地区的湖泊森林管理局局长，后来靠收取地租为生。他热衷于植物学和建筑学，学识渊博。蒙维尔在凡尔赛宫附近开辟了一片僻静的区域，在这片土地上打造出了莱兹荒漠园。这座荒漠园接待过众多宾客，其中就包括玛丽·安托瓦内特王后。

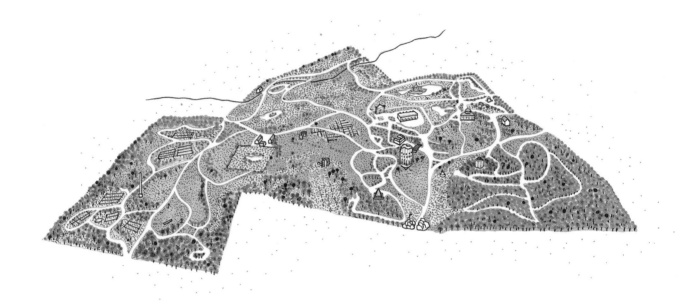

莱兹荒漠园是一座英中式园林，这种园林兼具了英国风景式园林和中国园林的特色。园中种有大量异域奇树，各式小建筑点缀其间，包括古代遗迹的复制品、中国宝塔、鞑靼人的帐篷，以及一些货真价实的建筑遗迹。这里也有温室、农场，甚至还有一间小屋，庇护着一位隐士。

一片巨大的廊柱废墟占据了园林中心——这曾是蒙维尔和他的客人们居住的地方。透过许许多多的窗户，可以欣赏到园中零星散落的小建筑。

在荒漠园北部的幸福岛上，有一座钢板建成的鞑靼人帐篷，
它也充当了荒漠园的哨所。

这片废墟，曾经是原先村民祈祷的
地方，现在只留下断壁残垣。

在园中最冷的地方，有一个金字塔形建筑。
这其实是一座冰窖，在炎炎夏日，能为蒙维
尔和他的客人们提供美味可口的冰激凌。

这里还有许多其他的建筑（有一些很遗憾未能保留下来），
比如保护异域花木的温室、

在欧洲修建的第一座中式住宅、

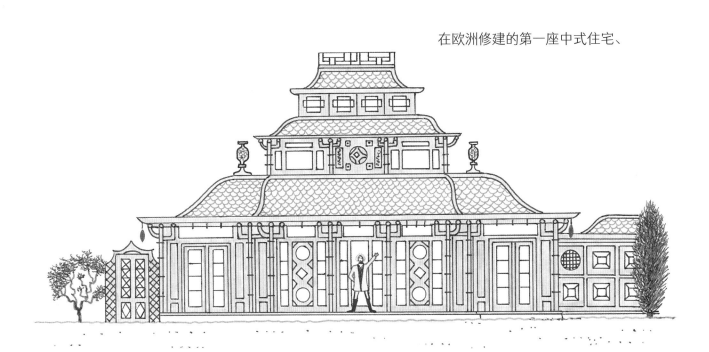

名为"安息庙"的古希腊神庙、

由铁皮建成并上了漆的方尖碑、

露天剧场，

还有潘神庙——蒙维尔先生过去就喜欢在这里演奏音乐……

在游览荒漠园的过程中，每位游客都像在一边环游世界，一边探寻历史。
这是属于启蒙时代的卓越课堂。

1873 纽约中央公园

城市中心的风景胜地

弗雷德里克 · 奥姆斯特德&
卡尔弗特 · 沃克斯

美国 纽约

弗雷德里克 · 奥姆斯特德（1822—1903）曾在耶鲁大学研习农学，毕业后，还在中国旅行过一年。他在纽约的斯塔滕岛上开发了一座实验性小农场，并发表了很多文章，倡导让大自然回归到城市中。此外，他还周游过欧洲多国，寻求更具说服力的例证。

奥姆斯特德十分欣赏英国新建的伯肯海德公园。这座公园是伟大的园林设计师约瑟夫 · 帕克斯顿的杰作，是世界上第一座由政府出资修建的城市公园。在那里，市民们可以欣赏到高低错落的山岗、层层叠叠的岩石，以及碧波荡漾的湖泊。

回到美国后，奥姆斯特德结识了卡尔弗特 · 沃克斯（1824—1895）。沃克斯是一位来自英国的建筑师，十分喜爱中世纪风格的建筑。随后，两人便展开了合作。

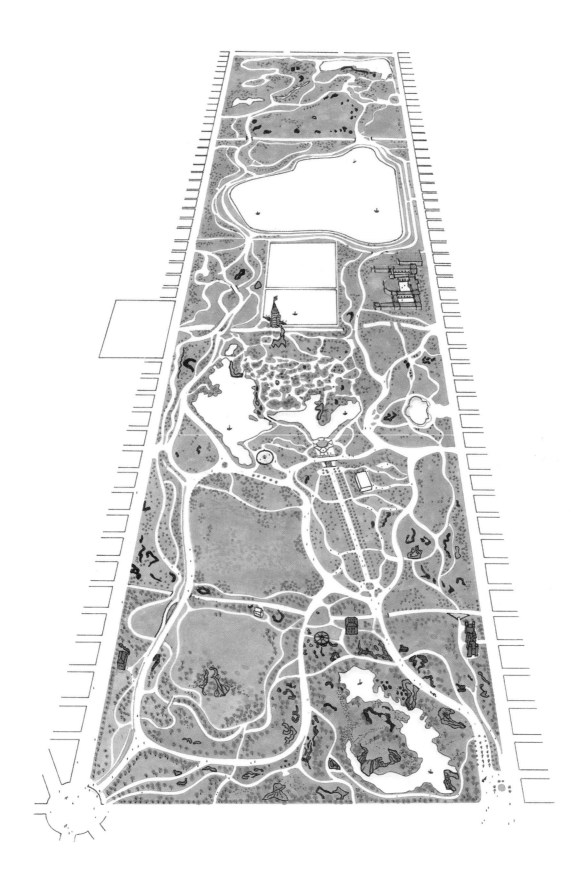

在19世纪中期，纽约人口过多，城市拥挤不堪，地籍图中根本没有规划过绿地。可是，人们对公共空间的诉求却越来越强烈。最终，纽约市政府在曼哈顿北部购买了一大片土地，用以修建大型公园。

这片荒芜的湿地长4000米、宽800米，全都需要修整。1857年，纽约市政府发起了一次公园方案选拔赛：最终奥姆斯特德和沃克斯的方案在比赛中一举夺魁。

这个二人组满怀憧憬，梦想打造一处"风景优美的胜地"，希望这里能让居民们回想起昔日乡村的宁静惬意，帮助他们放松心情。

在建筑师的"绿色计划"里，山林茂密（灵感来源于美洲山脉），绿草茵茵，水域宽阔，散步小径随处可见。这里曲径通幽，道路蜿蜒，峰回路转后总能发现全新的风光，让人心旷神怡。公园的设计图中包含便利通行的隧道与桥、横跨公园的4条地下公路、林荫小道、露天平台以及观景楼台。

这可不是一项小工程，需要清理乱石、排空脏水，还要搬运泥土，有太多事情需要忙活啦！

弗雷德里克·奥姆斯特德负责公园的设计与植物造景，他规划出道路，并从颂扬美国山河美景的哈德逊河派的绘画作品中汲取了不少灵感。

卡尔弗特·沃克斯负责整体建筑工程，包括眺望台城堡——一座坐拥美景的中世纪风格城堡。他还主持修筑了36座石桥和金属桥，例如绝美的弓桥。

纽约中央公园于1873年落成开放，很快便融入了纽约人的生活。公园里还建有动物园，受到了很多小朋友的欢迎。1872年，大都会艺术博物馆也落址于此旁。

但是随着汽车工业的快速发展，生活节奏加快，来公园的人日渐稀少。为了增加吸引力，这里又修建了棒球场、手球场和滑冰场。于是，中央公园不久就成了运动爱好者的天堂。克罗顿水库也摇身一变，成了大草地，人们你挨着我，我挨着你，聚集在这里，享受着难忘的大众音乐节。

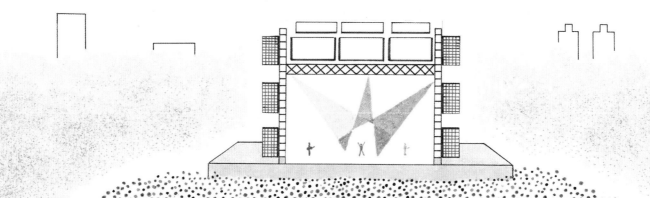

今天，中央公园成了纽约的标志，也成了纽约人见面约会的理想地点。有时，人们还能在这里收获许多意外惊喜。比如，艺术家克里斯托与让娜·克劳德的大型艺术作品《门》，就于2005年在这里展出。成片的巨大橙红色帘幕林立在公园里的林荫道上，波浪似的绵延起伏，蔚为壮观，极具艺术感。

1897 曼斯特德·伍德花园

异彩纷呈的花园

格特鲁德·杰基尔

英国 萨里郡 布斯布里奇

格特鲁德·杰基尔（1843—1932）的童年是在英国南部萨里郡的乡下度过的。长大后，她前赴伦敦南肯辛顿艺术学院学习绘画，但是很快就因为近视问题被迫放弃了学业。

杰基尔创造了许多令人赞叹的花园。之前，英式园林几乎都是一整片单一的绿色，她却天马行空地在园中种上花朵，使各种各样的色彩竞相争艳。她创造出了"混合花境"，就是说，将各式各样的花草和谐地种植在一起，让花园如同画家的调色盘一样色彩缤纷，变成一幅充满生机的画作。

格特鲁德·杰基尔曾出版过许多插图书，她专注于花草的枯荣和植物一年四季的变幻，并用水彩将这些全都记录下来。无论是万物复苏的春天、充满生机的夏天，还是天高气爽的秋天，她都悉心观察着，细细描绘出同一花境里的花开花落。

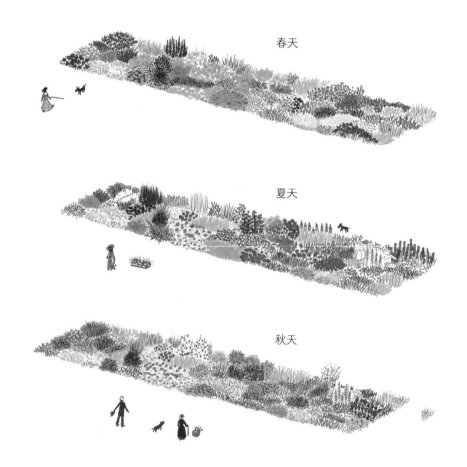

春天

夏天

秋天

1882年，格特鲁德·杰基尔在萨里郡的布斯布里奇买下了一块地，在这里创造了属于她自己的花园。后来，她结识了建筑师埃德温·路特恩斯，并请他在花园旁边修建了一幢房屋。这位深受"工艺美术运动"影响的建筑师，在当地工匠的帮助下，修建了一座乡村风格的小别墅。这座小别墅的精致正好与杰基尔充满创造力的浪漫气质相吻合。自此，两位设计师便开始了漫长的合作。

在曼斯特德·伍德花园，建筑与植物相得益彰。屋子外延伸出一个露台，
领着访客通向花园。这里的花园建在一片单独的空地上，由榛树林荫小道
和矮墙隔离而成。花境里百花齐放，随着四季的更替不断变幻着颜色。

与杰基尔生活在同一时代的印象派画家克劳德·莫奈定居在法国诺曼底的吉维尼小镇，在那里，他也建了一座五彩缤纷的花园，作为他绘画写生的对象。莫奈作品中经典的日本桥和睡莲池，都能在这里找到原型。

在屋子里面，墙壁和家具所选用的色彩也非常巧妙，竟能与室外的花园遥相呼应。可以说，花园和房屋一起构成了举世无双的杰作！

1928 诺阿耶别墅花园

几何状的现代园林

加布里埃尔 · 格夫雷基安

法国 耶尔

加布里埃尔 · 格夫雷基安（1900—1970）是亚美尼亚人，曾逃难前往维也纳，并跟随约瑟夫 · 霍夫曼等现代建筑学大师学习，后来定居巴黎。格夫雷基安和罗伯特 · 马莱–史蒂文斯组成了时尚建筑师二人组，他也是马莱–史蒂文斯的第一位合作者。对他们青睐有加的客户包括著名的艺术赞助人夫妇玛丽–洛尔和夏尔 · 德 · 诺阿耶。

让·科克托　萨尔瓦多·达利　曼雷　夏尔·德·诺阿耶

玛丽-洛尔·德·诺阿耶　巴勃罗·毕加索　亨利·劳伦斯　路易斯·布努埃尔

玛丽-洛尔·德·诺阿耶是诗人让·科克托的朋友，她资助了许多艺术家的创作，例如画家巴勃罗·毕加索和萨尔瓦多·达利、雕塑家亨利·劳伦斯、影像艺术家曼雷和导演路易斯·布努埃尔。夏尔·德·诺阿耶是玛丽的丈夫，同时也是一名艺术赞助人，他热衷于植物学和一切新鲜的事物。

1925年巴黎世博会的主题是"装饰艺术与现代工业"。加布里埃尔·格夫雷基安的作品《光与水的花园》在博览会上展出，花园中有一个几何形状的水池，池子中的色彩是由画家罗伯特·德劳内搭配的。这件作品大大地惊艳了夏尔。

夏尔非常喜欢这件作品，因此他在世博会之后的第二年委托园林设计师安德烈·维拉和保罗·维拉两兄弟在其位于巴黎的私人住宅中打造了一座现代的法式几何园林。

不过，格夫雷基安真正意义上更具创新性的园林作品，则建在法国瓦尔省耶尔市的丘陵上。

事实上，从1923年起，诺阿耶夫妇就开始投入建造一座别墅，他们希望这里充满阳光、自由随性，且富有现代气息。

这座别墅一开始由建筑师罗伯特·马莱-史蒂文斯设计，他的构想是修建一座观景塔，阶梯式建筑围绕着塔身螺旋向上。随后，别墅经历了一系列扩建工程，在高处修建了一个室内游泳池，泳池配有可伸缩的海景玻璃窗以及一间健身房，楼下还有一个壁球场。

别墅里设有足够的房间，可以容纳大量宾客，里面甚至还准备好了黑白条纹
款式的健身衣，供客人运动时更换。

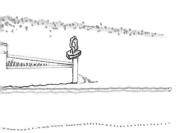

在这里不仅可以健身运动，还可以拍摄电影。雅克·曼努埃尔的电
影《肌肉与珠宝》就是在这里拍摄的。这里简直就是派对天地！

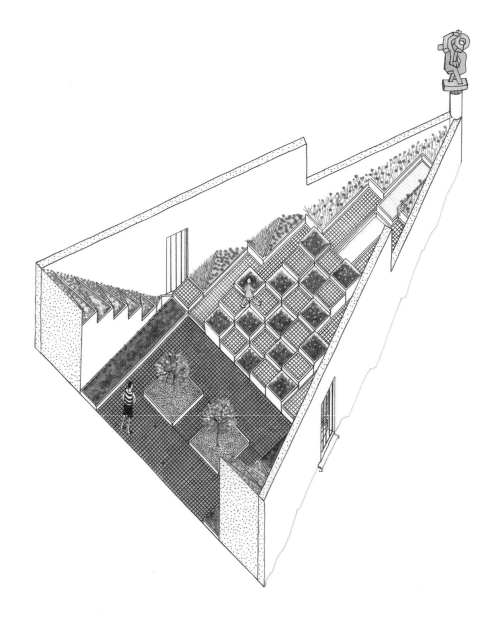

这幢别墅的装饰，是由一些前卫的艺术家和设计师设计的，包括特奥·凡·杜斯堡、皮埃尔·夏洛和艾琳·格瑞。加布里埃尔·格夫雷基安则为别墅设计了一座立体主义风格的花园，使整栋建筑在前卫艺术上又向前迈进了一步。

在一块高墙围成的三角形土地上，格夫雷基安用几何形状的水泥阶梯修建了一座花园，五颜六色的马赛克地砖和色彩斑斓的花草间隔交错。在这块三角形的顶角处有一个可旋转的支架，上面立着雅克·利普希茨的立体派雕塑作品《生命之悦》（1927）。

从别墅的露天阳台和客厅眺望出去，可以看到一片片缤纷的色彩错落地铺撒开，仿佛能感受到花园的节奏与韵律。

同一时期，雕塑家让·马尔泰尔和若埃尔·马尔泰尔两兄弟根据马莱-史蒂文斯的草图，用混凝土雕了4棵树，这件作品在1925年的巴黎世博会上引起了轰动。

1952 圆形花园

家庭式花园

卡尔·西奥多·索伦森

丹麦 奈鲁姆

来自丹麦的卡尔·西奥多·索伦森（1893—1979）有很多头衔：景观设计师、丹麦皇家美术学院教师、公共空间景观理论家，以及现代主义运动的杰出人物之一。从空中俯瞰他所设计的公园，可以看到一幅幅几何图形构成的抽象画，仿佛精心雕琢的珠宝首饰。置身于这些被树篱围住的草地上，安全感和放松感便油然而生。这正体现出景观设计师对游客的关怀。

1943年，卡尔·索伦森在哥本哈根为艾姆德鲁普区的小朋友们打造了全世界第一个儿童探险乐园。乐园里摆放着一些建筑材料和老旧物品，孩子们可以随意使用。周围有安全设施，还有组织活动的专门人员，会鼓励小朋友们按照自己的喜好去组合、搭建、创造。索伦森认为，公园对儿童和成人来说同样重要。儿童就像花草一样，也需要阳光和空间，才能健康快乐地成长。

第二次世界大战之后，在重建欧洲之际，花园成了"绿化带"，只被当作建筑的附属品。但卡尔·索伦森不这么认为。在哥本哈根的郊区奈鲁姆，他为这里的居民精心设计了40座家庭式花园。

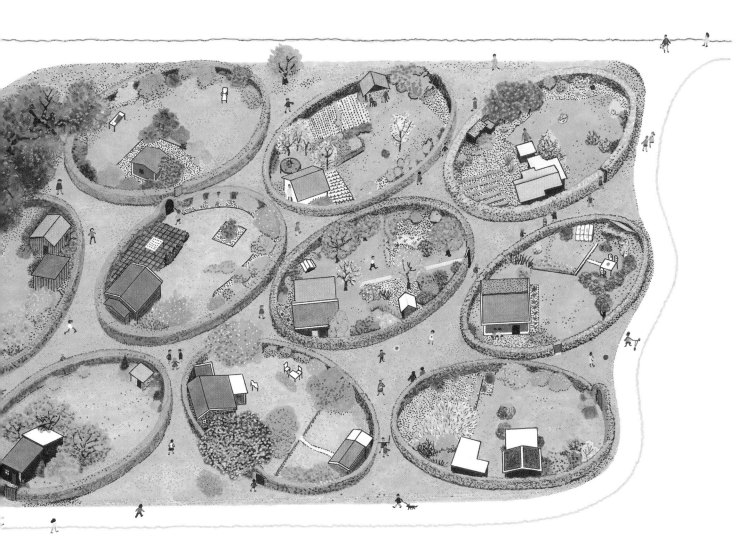

这些家庭式花园全都呈椭圆状，大小相近，皆由灌木篱笆围起来。花园之间留有一些邻里共享空间，这些区域没有公路、没有车辆，孩子们可以自由自在地玩耍。

每一座花园的椭圆形都遵循黄金比例：长轴长24.3米，短轴长15米。而园丁，就是这里的业主。索伦森给园丁们提出了一些指导意见，但每位园丁都可以按照自己的喜好自由搭造小屋、选择树篱。大多数园丁会选择种花，或是培育一些日常食用的蔬菜。

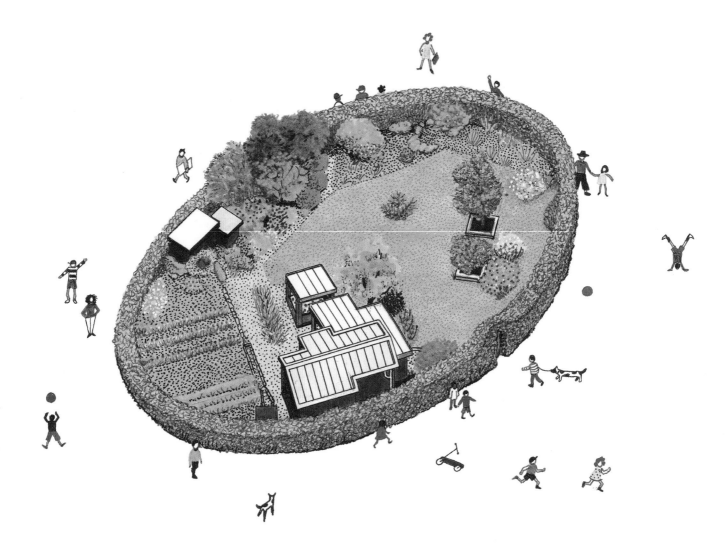

这样独特的花园模式，也给了后来的设计师很多启发。2015年，在法国巴斯克地区的圣帕莱附近，设计师奥迪尔·法布雷格和克里斯蒂昂·瓦兰根据农业生态学的专业知识，修建了阿哈伦·卢拉克农场。在一片5公顷的土地上，他们以尊重环境为前提，实现了一种自给自足的农业模式。

这里有一座小型牧场、一座果园和一间可移动温室，能够减轻土地压力。农场里还有一座十分壮观的圆形菜园，菜园中心装饰有一个巴斯克十字纹。菜园共有72块长条形土地，为了保护土壤肥力，人们以8年为周期来循环轮作。

1965 弗拉门戈海滨公园

听海花园

罗伯特·布雷·马克斯

巴西 里约热内卢

罗伯特·布雷·马克斯（1909—1994）出生在巴西，是一名男中音歌唱家。19岁那年，他前往柏林学习声乐，但在参观完几座博物馆后，他改变了主意。从那时起，他便决心成为一名画家。

一天，在一间热带植物温室里写生时，马克斯见到了一些来自家乡的植物，在写生过程中，他对这些植物越来越熟悉。植物斑斓的色彩、丰富的形状和美妙的姿态都成了他创作的灵感要素。

后来，马克斯回到巴西，到里约热内卢国家美术学院研修，那时，担任美术学院校长的是卢西奥·科斯塔，而他正是日后巴西利亚城市规划的设计师。作为艺术家和植物学家，马克斯参与了许多项目建设，巴西最大的几个现代建筑的景观就是出自他的手笔。

1943年建成的巴西教育卫生部大厦是卢西奥·科斯塔、阿芬索·里迪、奥斯卡·尼迈耶三人共同设计的作品，也是巴西第一座现代大楼。这栋大厦的花园与露台，是由布雷·马克斯设计的。他巧妙地利用植物婀娜多姿的形态，与大厦规整的轮廓形成了鲜明对比。

在20世纪50年代的里约热内卢，连接机场与市中心的沿海公路十分拥堵。建筑师洛塔·马赛多·苏亚雷斯提出一个大胆的设想，那就是将这条道路改为一座大型公园。随后，建筑师阿芬索·里迪与园林设计师布雷·马克斯组建了一个设计师团队，把这个听上去不可思议的构想变成了现实。

设计师在原有的路基上建起一大片林区，两条高速公路就从树林间穿梭而过。公园里有运动场、野餐区、一片漂亮的沙滩和一个海滨浴场。此外，里约热内卢现代艺术博物馆也坐落于此。这座大型公园既很好地融入了遍布钢筋混凝土的现代世界，又连接了大海和树林，象征着城市与自然的和谐共生。

除此之外，布雷·马克斯还操刀设计了里约热内卢现代艺术博物馆的花园。博物馆早在1948年由阿芬索·里迪设计建成，马克斯围绕主建筑打造了一圈几何图形的花园。花园里有宽敞的露台、起伏的石子路和清澈见底的池塘，与这座混凝土建筑相映成趣。

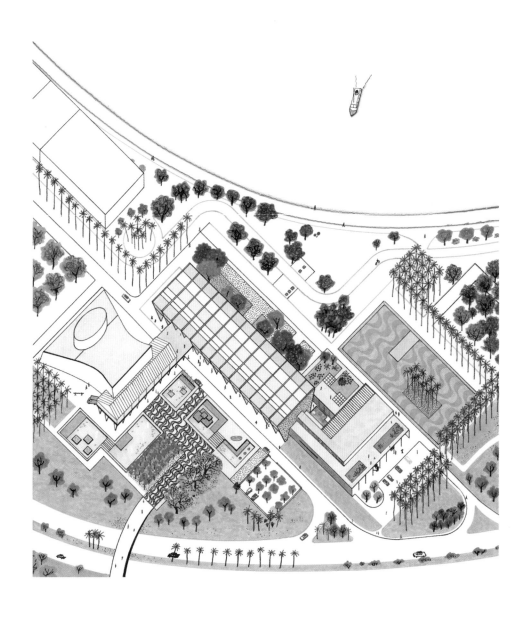

在花园里，布雷·马克斯精心挑选了多种巴西本地特有的植物。这些植物既能适应海洋气候，又能塑造如画的风景。

1971年，布雷·马克斯改造了沿科帕卡巴纳海滩的大西洋大道，将它打造成一条名副其实的马赛克地毯。葡式碎石路上镶嵌着白色、红色、黑色的碎石，拼贴出各种图案和花纹，沿途栽种了许多颇具风姿的热带植物。真是美不胜收！

1976 油库公园

工业遗址公园

理查德 · 海格

美国 西雅图

景观设计师理查德·海格（1923—2018）的父亲是美国肯塔基州的一名园艺家，他本人则是一位华盛顿大学的老师。

海格设计过一些极简主义风格的公园，所谓"极简"也就是，在不对场地进行过多调整的前提下，达到最好的效果。

46

油库公园的前身是一家老旧煤气厂，用于生产家庭用气。这座工厂修建在联合湖北岸，位于西雅图的城市边缘。1956年煤气厂关门后，西雅图市政厅想将工厂旧址改造成城市公园，为了找到最好的方案，政府组织了一次方案评选。

在评选中，理查德·海格脱颖而出，因为在那个时代，他的方案极具独创性——他决定保留原先的炼油塔，来讲述这里过往的故事。时间流逝，刻下烙印，这些塔变得更像一件件充满纪念意义的雕塑作品。

除此之外，他还将工厂的建材和瓦砾堆积成了小山丘，从小山丘上可以眺望
远处的风景。

这里的土壤被污染得太过严重，于是，海格利用酶和有机物质，以生物修复
方法来进行改良。

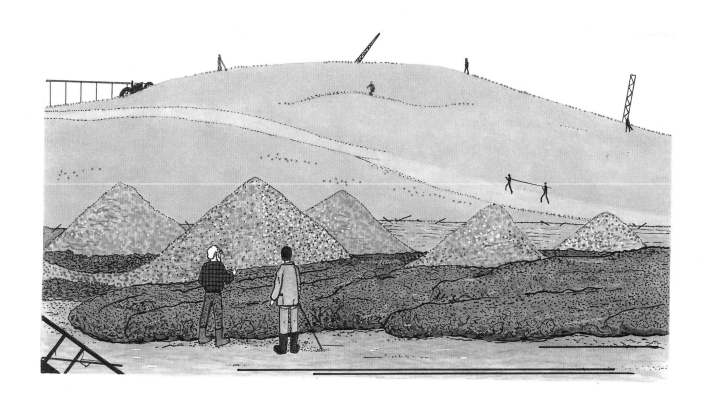

最后，海格把原先厂房中的压缩机涂上了鲜艳的颜色，放置在整修后的大厅中。原先冰冷的机器，现在变成了孩子们喜欢的玩具。

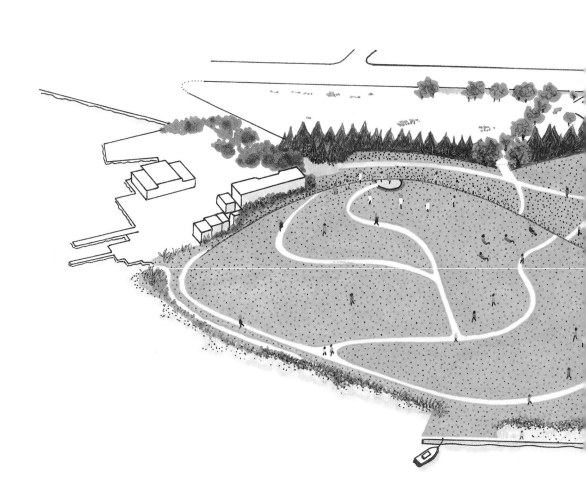

保留下来的旧工厂坐落在油库公园的正中央，被遗弃的工业园区从此变成了大家
都可以享受的乐园！

德国的北杜伊斯堡景观公园，1991年由彼得·拉茨事务所设计而成，同样保留了原先的工厂建筑。

1987 拉维列特公园

休闲公园

伯纳德 · 屈米

法国 巴黎

伯纳德 · 屈米曾在瑞士苏黎世学习建筑学，毕业之后在伦敦和美国都当过老师。屈米不赞成在繁忙兴盛的都市中修建死气沉沉的建筑。他的理论很大程度上受到了行为艺术和电影表现手法的影响。

1983年，他在拉维列特公园国际设计竞赛中获得冠军。这座公园位于巴黎东北部，曾经是个屠宰场。伯纳德把握住这次机会，将自己的建筑理念投入了这次改造计划。

拉维列特屠宰场修建于拿破仑三世时期，1974年关闭之后便被废弃了。1986年，建筑师埃得利安·费因斯伯将这里改造成了"科学与工业城"，同时也保留了几座外形优美的建筑。比如，牛肉卖场就被保留下来，变成了现在的拉维列特大展厅。

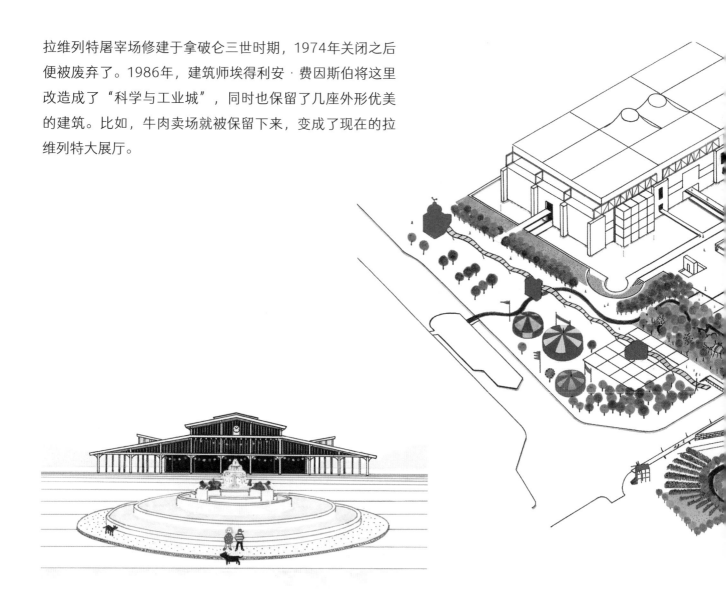

公园面积很大，一面紧邻绕城公路，城市运河将全园一分为二。为了使公园整体统一，伯纳德·屈米选择用点（26处红色立方体的"游乐亭"）、线（散步小径和林荫大道）、面（巨大的草坪）相结合的简单法则，创造出一种动态美感。他在多处采用了鲜艳的红色，红色也因此成为这座充满活力的公园的标志。

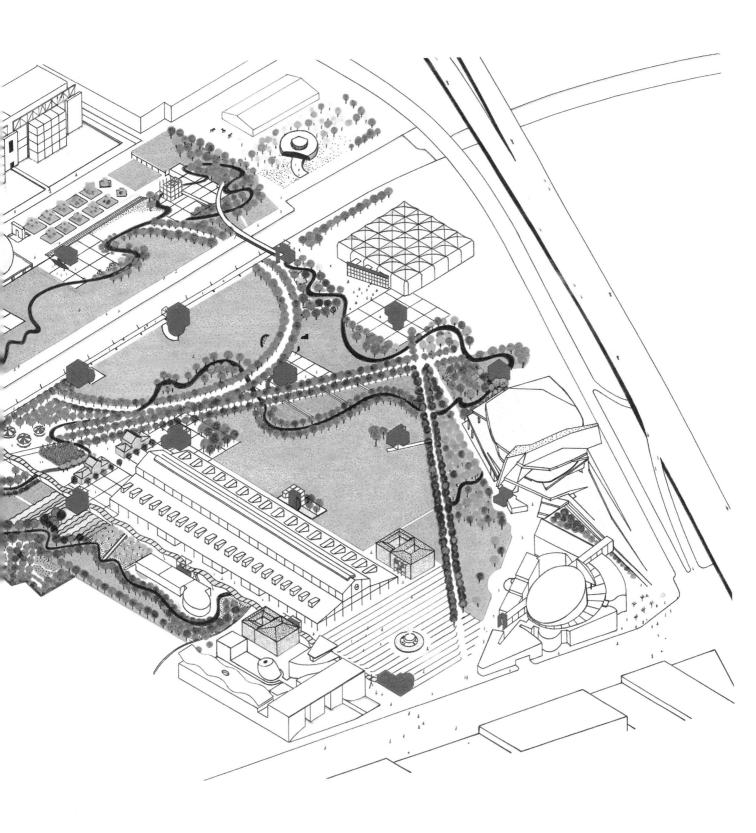

虽然这些红色的游乐亭都建在长边为10.8米的地基上，但是它们的形状和体积，会根据位置和功能有所不同。

"一月小亭"是公园管理处所在地。

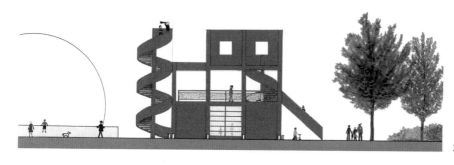

"天文台小亭"靠近无线电望远镜，是一座供艺术家实验用的电台。

在"观景台小亭"上可以欣赏到公园里的植物景观。未来，这里将成为观察生物多样性的绝佳地点。

拉维列特公园建成于1987年，这里不仅是散步与骑车的好去处，还是面向大众的文化公园。夏天，人们可以在三角形大草地上一起看露天电影。

数年来，公园中还增修了许多用于音乐或戏剧表演的建筑："天顶"音乐厅（谢克斯和莫雷尔共同设计，1984）；沉浸式电影院"晶球馆"（费因斯伯设计，1985）；法国巴黎国立高等音乐舞蹈学院（1990）；"音乐之城"（克里斯蒂安·德·波特赞姆巴克设计，1995）；巴黎爱乐音乐厅（让·努维尔设计，2015）。

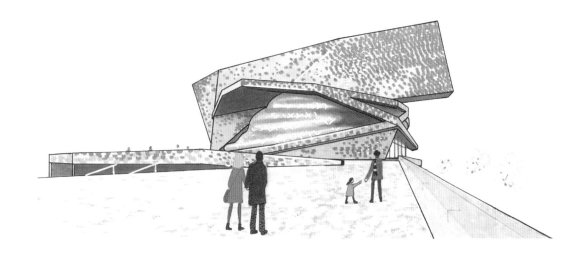

如果你去电影步道走上一圈，一定会惊喜连连。

1998年，这里安放了一座巨型波普艺术雕塑，名叫《被掩埋的自行车》，由克拉斯·欧登伯格和库斯杰·凡·布鲁根共同创作。

这座大型五彩滑梯的名字叫《龙》，是乌尔苏拉·库尔茨设计的作品，建成于2015年。这座滑梯替代了原先破旧不堪的龙形游乐设施。

用红色的建筑和绿色的植被形成鲜明对比，可谓是一个别出心裁的妙招。不过，采用这种色彩搭配的建筑师可不止屈米一个人。

2006年，中国秦皇岛修建了一个休闲的好去处：由景观设计师俞孔坚设计的"绿荫里的红飘带"。这条红飘带蜿蜒在汤河旁，颜色和屈米设计的"游乐亭"一样浓烈。

1989 赖奥尔领地景观园

地中海园林

吉尔·克莱芒

法国 滨海赖奥尔卡纳代

吉尔·克莱芒于1943年在法国出生。作为一名园林设计师兼植物学家，他的宗旨是尊重所有现存的植被，在不构成植物入侵的前提下，任植物自由生长，这就是"动态花园"。他最初的尝试就是在自家屋子周围进行的。

同时，吉尔·克莱芒还是一名出色的旅行家，他在旅途中致力于研究和比较不同气候下的植物。这些旅途中积累的丰富知识都被他应用在赖奥尔的景观园里，这里栽满了来自世界各地的奇花异草，简直变成了"地球的缩影"！

吉尔·克莱芒的家位于法国克勒兹省，他在家中的院子里种上了形形色色的
植物，这里可以说是他的实验室。

赖奥尔景观园原先是一座古老的公园，这里树木繁茂，位于法国的蓝色海岸，在耶尔与圣马克西姆之间，紧临地中海。这片自然空间面积达20公顷，直通海边，一条小溪横穿公园，灌溉着这片土地。

滨海博物馆邀请吉尔·克莱芒担任项目负责人，他将这座古老的公园改建成了一座"地中海园林"。这里的植物来自南非、中美洲以及澳大利亚，几乎集合了全世界所有适合地中海气候的草木。因此，这些植物都能适应长时间光照和干旱环境，甚至能抵御火灾。

灰叶黄脂木（又名澳洲黑孩儿）有一根假树干，这根树干直立不分枝，能够抵挡火的灼烧。

这棵巨大的桉树来自澳大利亚，叶片都是往下垂着的。桉树能适应地中海的各种气候，但是它十分具有侵略性，无法与本地物种共存。

吉尔·克莱芒非常善于利用地形，园区里的山谷和山岗经过他的巧思，都成了一道道亮丽的风景线。

如果攀上园区最干燥的山岗，便可以同时欣赏到美国加利福尼亚和澳大利亚的风景。

在潮湿的山谷中有一片竹林，竹子
是来自亚洲的亚热带植物。

在海边，吉尔·克莱芒培育了一片密林，
种满了西班牙栓皮栎和地中海松。

1998 塔罗公园

艺术家的公园

妮基·桑法勒

意大利 托斯卡纳

妮基·桑法勒（1930—2002）是一位法美双国籍艺术家，她将绘画与雕塑相结合，作品的风格独树一帜。她的代表作《娜娜》系列塑造了许多身材丰满、五彩缤纷的女性形象，都是用聚酯和树脂制作而成的。其中有些雕塑十分巨大，人们甚至可以钻进雕塑内部。妮基的丈夫是瑞士雕塑家让·丁格利，他协助妮基完成了这些作品，并且认为这些雕塑已经成了名副其实的建筑。

妮基·桑法勒受到塔罗牌上的图案的启发，希望创作出一座不朽的公园。她的计划有点异想天开，报价还很高昂。好在，有几位意大利朋友，几乎无偿地为她提供了托斯卡纳的一块地，这里以前是一片露天采矿场，非常适合建造公园。与此同时，妮基·桑法勒设计了一款以她的名字命名的香水，香水大获成功，也为她提供了部分资金支持。

塔罗牌是一种古老的纸牌游戏，纸牌上绘有很多传统人物形象，尤其是22张大牌（也被称为大阿卡那），绘制得精美绝伦。在牌面丰富图案的启发下，艺术家自由发挥，将塔罗牌做成了一件件体积巨大的雕塑。游客可以漫步其间，向它们了解自己的过去、现在和未来，就像在占卜一样。

妮基组建了一支小团队，施工分几个不同的步骤完成（下图以大阿卡那牌"正义"为例）：

首先做一个小泥塑；

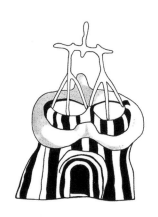

再用聚酯材料将泥模加大；

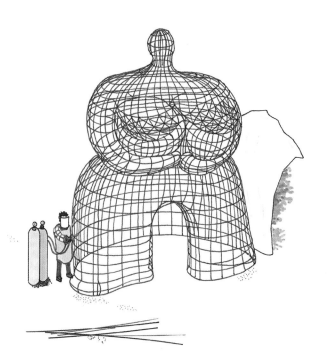

然后按真实比例动工修建，丁格利把铁丝拧成模型的形状，焊接成框架；

接着向框架里灌注混凝土，等它凝固成形；

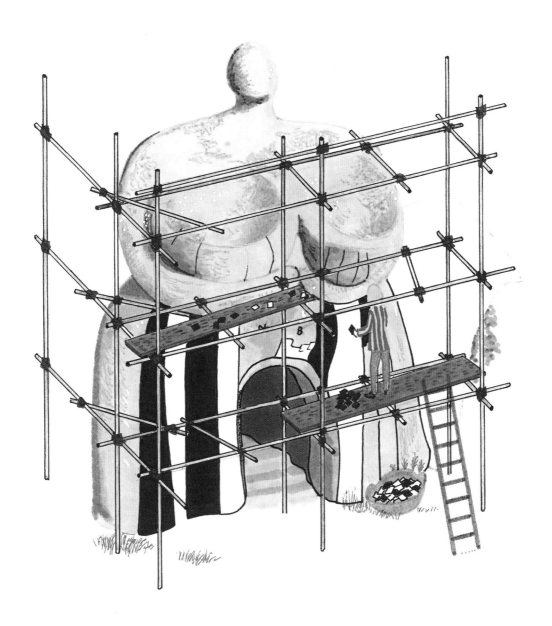

最后，艺术家们用现场制作的马赛克瓷砖和镜面碎片，从里到外贴满整个雕塑。

图中呈现的是公园里22座雕塑中的16座：1–月亮·2–节制·3–女皇·4–塔·5–皇帝·6–魔术师·7–女祭司·8–命运之轮·9–力量·10–正义·11–倒吊者·12–教皇·13–太阳·14–死神·15–恶魔·16–世界。

工程从1978年开始动工，历经20年才将近完工。公园向所有人开放，园中的草木一派欣欣向荣。

妮基·桑法勒和让·丁格利曾经参观过法国欧特里沃村的邮差薛瓦勒之理想宫（1912）。这个叫薛瓦勒的邮差仅凭一己之力，利用路边捡来的石块，日积月累，修建起了一座奇幻的宫殿。宫殿由众多岩洞和幻想出来的纪念碑组成，上面满是人物、动物的雕像装饰。这便是妮基修建公园时参考的原型。

建筑师安东尼奥·高迪1914年在巴塞罗那设计修建了奎尔公园，他天马行空的创造力同样深深地感动并影响了妮基·桑法勒。高迪采用马赛克拼贴手法，在波浪状的长椅上嵌满了彩色的旧瓷片。这种形式在法语中被称为"偷盘子的人"。相传艺术家雷蒙德·伊西多尔曾用附近找到的陶器碎片装饰屋子，而邻居们却将他的行为视作盗窃，于是这种镶嵌艺术就有了个奇特的名字。

图书在版编目（CIP）数据

你好，花园 /（法）迪迪埃·科尔尼耶著；张璐，
王琼蔚译 . -- 上海：上海人民美术出版社，2022.10（2025.3 重印）
（未来建筑家）

ISBN 978-7-5586-2389-9

Ⅰ . ①你… Ⅱ . ①迪… ②张… ③王… Ⅲ . ①花园 -
世界 - 儿童读物 Ⅳ . ① TU986.61-49

中国版本图书馆 CIP 数据核字 (2022) 第 157727 号

First published in France under the title

Tous les jardins sont dans la nature by Didier Cornille

© 2021, hélium / Actes Sud, Paris, France.

Chinese translation arranged with hélium through Ye Zhang Agency

(www.ye-zhang.com)

本书中文简体版权归属于银杏树下（上海）图书有限责任公司
著作权合同登记号图字：09-2022-0565

你好，花园

著　　　者：[法]迪迪埃·科尔尼耶
译　　　者：张　璐　王琼蔚
项目统筹：尚　飞
责任编辑：康　华　张琳海
特约编辑：周小舟
装帧设计：墨白空间·Yichen
出版发行：上海人民美术出版社
　　　　　（上海市号景路 159 弄 A 座 7 楼）
　　　　　邮编：201101　电话：021-53201888
印　　　刷：天津裕同印刷有限公司
开　　　本：889mm×1092mm 1/16
字　　　数：68 千字
印　　　张：5.75
版　　　次：2022 年 10 月第 1 版
印　　　次：2025 年 3 月第 5 次
书　　　号：978-7-5586-2389-9
定　　　价：79.00 元

读者服务：reader@hinabook.com 188-1142-1266
投稿服务：onebook@hinabook.com 133-6631-2326
直销服务：buy@hinabook.com 133-6657-3072
官方微博：@浪花朵朵童书